D1279274

DATE DUE